古建筑里的中国智慧

李华东・著　田野・绘

童趣出版有限公司编　人民邮电出版社出版
北　京

图书在版编目（CIP）数据

古建筑里的中国智慧. 真材实料 / 李华东著 ; 田野绘 ; 童趣出版有限公司编. -- 北京 : 人民邮电出版社, 2023.12

ISBN 978-7-115-62837-4

Ⅰ. ①古… Ⅱ. ①李… ②田… ③童… Ⅲ. ①古建筑－中国－少儿读物 Ⅳ. ①TU-092.2

中国国家版本馆CIP数据核字(2023)第191675号

著　　：李华东
绘　　：田　野
责任编辑：张艳婷
责任印制：赵幸荣
封面设计：田东明
排版制作：柒拾叁号

编　　：童趣出版有限公司
出　版：人民邮电出版社
地　址：北京市丰台区成寿寺路11号邮电出版大厦（100164）
网　址：www.childrenfun.com.cn

读者热线：010-81054177
经销电话：010-81054120

印　刷：雅迪云印（天津）科技有限公司
开　本：787×889 1/12
印　张：7.7
字　数：80千字
版　次：2023年12月第1版　2023年12月第1次印刷
书　号：ISBN 978-7-115-62837-4
定　价：48.00元

出版委员会

李华东 |

博士（毕业于清华大学建筑学院）
长期从事建筑史及文化遗产保护研究
先后主持多项国家、部委研究课题

田 野 |

参与多部图书封面及插图的绘制
作品入选 2019 亚洲插画年度大赏，入围首届深圳青年创作计划展
绘制图书入选 2020 年“原动力”中国原创动漫出版扶持计划

读懂古建筑
理解中国智慧

“‘拐弯抹角’这个词，它本来的意思啊，是古建筑中的一种做法，指的是把街巷拐弯处房子的外墙倒一个角，这样更加方便人们通行，体现的是以公共利益为重的美德……”

听见没？这是小镇里一处老宅在给我们讲中国古代建筑的智慧呢！

古建筑能说话？是的。只不过呢，它们是用自己的一砖一瓦、一梁一柱、一个图案、一种做法来讲述……我们用耳朵是听不见的，只能用眼去观察，用心去领悟。

如果用心去学习，古建筑将教会我们怎样和山水森林一体共生，和虫鱼鸟兽和谐相处，和家人邻里相亲相爱，让自己内心平静安详。它们教我们如何抵御自然灾害，如何利用阳光和雨水，如何做到赏心悦目，如何享受诗情画意……它们能讲述的智慧和知识、技巧与方法实在丰富多彩，用一句话总结：它们将教会我们中国人最伟大的智慧，实现人与自然、人与他人、人与自己的和谐，从而实现社会的可持续发展。

在祖国辽阔的土地上，屹立着壮丽的宫殿、庄严的寺庙、悦目的园林、雅致的民居、优美的桥梁等古建筑。它们像一颗颗闪闪发亮的宝石，被大家喜爱和珍视。它们在全世界独树一帜，辉煌的成就让每一个中华儿女深感光荣。它们最重要的价值，是作为蕴藏中国智慧的重要宝库。我们不但要会欣赏它们美丽的外表，更要深刻理解它们所承载的让中华民族数千年生生不息的智慧，因为这事关我们的将来。

中华民族的伟大复兴，必然以文化的复兴为前提。而优秀的传统文化，是文化复兴的基础。传统文化除了记载在书籍中，流传在语言中，也在一处处古建筑上留下了烙印。这套书，就是努力尝试着通过理解古建筑，来给中华文化宝库开启一道小小的门缝。希望你能顺着这道门缝，打开这座宝库的大门，并且一直向前，探索其中无尽的宝藏。

前人的背影早已消逝在岁月的烟尘中，但默默矗立在大地上的那一座座古城、一处处古村、一栋栋老屋，仍然闪烁着他们智慧和精神的光辉。我们应该做的，就是延续他们的血脉、传承他们的智慧、发扬他们的精神，并且在这个基础上结合今天的实际，创造性转化、创新性发展，实现我们今天的文化成就，营造出有中国特色、中国风格、中国气派的中国人特有的家园，进而为中国式现代化、中华民族现代文明的建设，做出应有的贡献。

时代赋予我们的历史责任，就是要保护、传承并弘扬中华优秀传统文化，让中华民族的伟大复兴，凸显更宏伟、更长远、更深刻的意义。少年强，则中国强！青少年朋友们，不要在电子屏幕上浪费过多的时间，去山山水水中感受大自然的美丽，来森林田野中感悟生命的力量；闲暇时多去逛逛古城、古镇、古村，多看看那些饱经沧桑的古建筑，多多体悟我们中国人优良的气质和品格，在各行各业中，在日常的生活中，传承中国智慧，创造一个更美好的世界，然后守护它、享受它。

青少年朋友们，加油！未来将由你们来创造！

李华东

2023 年 10 月于北京

目录

第一部分

盖有生命的房子

目录

第二部分

天生我材必有用

第一部分 盖有生命的房子

会呼吸的古建筑，才有生命力

檐下的木柱、墙上的木窗、头顶的木梁、屋里的家具……走进古建筑的世界，我们会发现，几乎处处都有木头的身影。

建筑材料多种多样，中国古人为什么偏偏对木头情有独钟？其中一个重要的原因就是我们的传统文化认为，住人的房屋就应该和人本身一样，会呼吸、有生命，既有诞生，也有老去，这样才能和活生生的人相依偎，成为人们生活的一部分。

中国古代木构建筑体系在世界上特立独行，与其他更喜欢用石头盖房子的文明有很大区别。构木为屋，很自然地延续了人类与树木的亲密联系，还发展出一整套博大精深的木构建筑技术和文化，使中国古代建筑成为世界古代三大建筑体系之一。

用有生命的材料，盖有生命的房子

不管是大树、竹子、茅草，还是其他植物，中国古代建筑所用的建材，基本上都是由大自然中的阳光、土壤和空气共同“制成”的。

木材的一生，几乎不会对自然环境造成消极的影响。树木在生长的过程中，不仅吸收二氧化碳，释放出人类所需要的氧气，还为人们带来阴凉、产出果实、美化环境。树木成材后被砍伐下来，还会被人们精心加工成房屋、家具和各种各样的生活用品。多年以后，如果因不堪使用而被废弃，它们燃烧后化成的灰烬也能让土地变得更肥沃，让新一代的树木更好地生长。

和没有生命的冰冷石头、砖块相比，木材给人的感觉更加温暖、更加亲切。

别小看这棵树，它可是我国大名鼎鼎的松树——黄山迎客松！

除了实际用途，中国古人还很重视木材所代表的文化内涵。

对传统的中国人而言，房屋不光是用来住的，也是心灵的安顿之所。为了追求这一点，中国人赋予了建造房屋的木材许多美德，把对自然的认知、对生命的解读，以及对自我的要求和期盼，都融入每天生活的房屋里。“大雪压青松，青松挺且直”的松树，代表了君子气质；姿态挺拔的杉树，象征着刚健正直的品德；硕果累累的银杏树，则有健康长寿和多子多福的吉祥寓意……

这些以实用为外衣、以文化为内核的木材，不仅充实和提升了中国古代木构建筑的文化内涵，更促进了人与房屋的相互滋养。

“植树达人”中国人

既然木材这么重要，中国人对于植树这件事，自然是非常认真的。除了自然生长的树木，中国古代建筑用的木材大部分都是人们有计划地种植的。在砍来建房之前，这些树木有的是美丽的森林，有的起着防洪固堤的作用，还有的是守卫边境的“小卫士”，真可谓一举多得啊！

相传从舜开始，为了鼓励人们种树，历朝历代都采取了不少措施，比如明代就规定给种树种得多的老百姓奖赏，完不成植树任务的会被惩罚。皇帝朱元璋还因为特别重视种树，被人称为“植树皇帝”。

在中国古代，为了满足盖房子、做家具、烧柴等需要，家家户户都会自发地种树。因为人们常常在自家的房前屋后种桑树和梓树，所以后来还形成了一个词——桑梓，用来作为“家乡”的代名词。

没有不好用的木料

唐代诗人李白说“天生我材必有用”，“材”不仅指人才，也指木材。

中国最早的诗歌总集《诗经》提到过 60 多种树木：松、柏用来造船或盖房子，檀（tán）用来制作车轮，桐、梓用来制作琴和瑟，漆树可以制漆……这充分说明，早在 2000 多年前，中国人就已经摸清各类树木的“个性”，并能科学、巧妙地利用它们了。

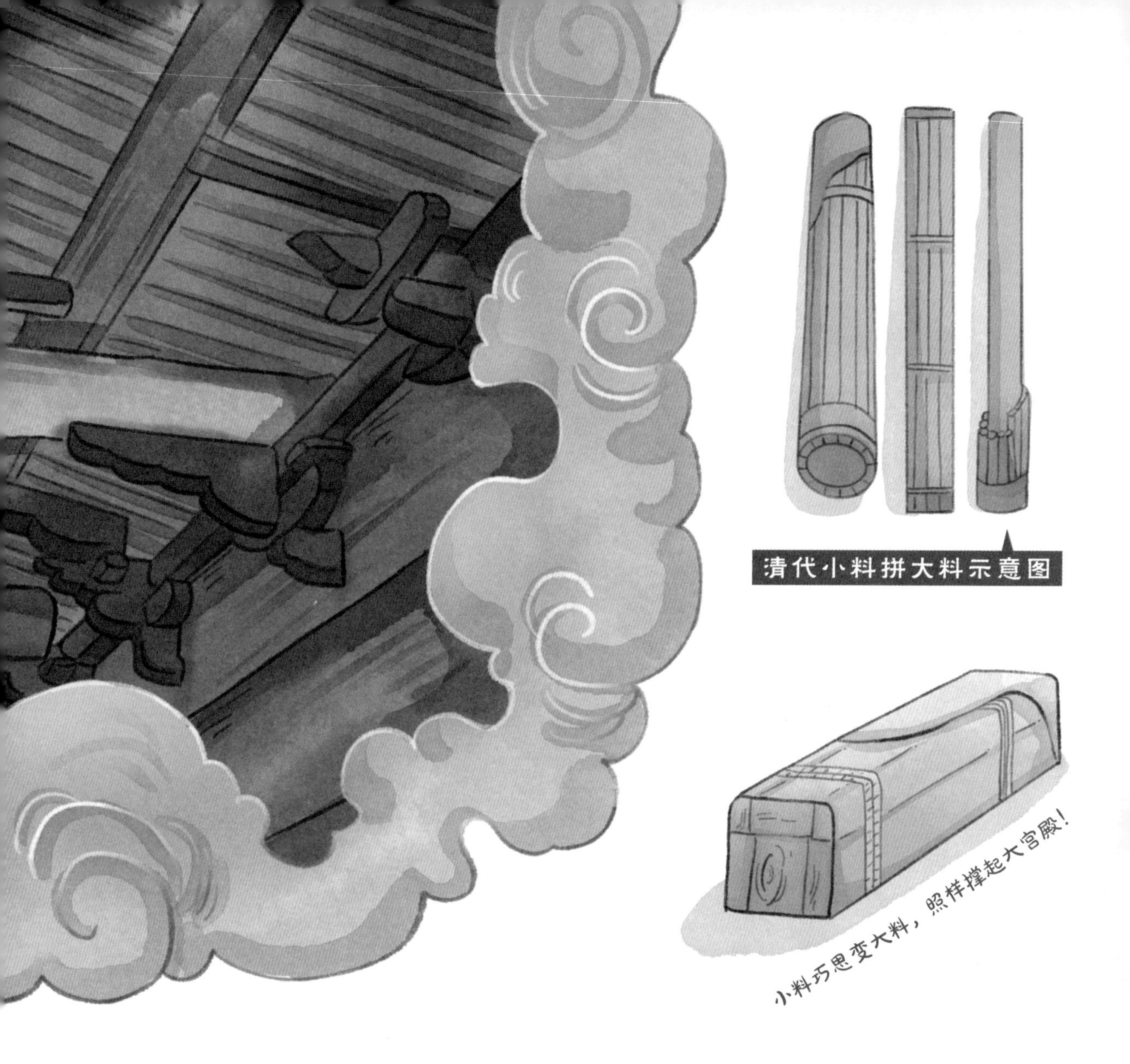

不仅得有用，还得巧用。长料不能短用，优料不能劣用。大料就用来做大梁、柱子这些大构件，实在没有大料的时候，还能用小料拼接成大料，盖出庞大的城楼、高耸的木塔。弯曲的树干可以挑大梁，不成材的小树也能用来做椽子……

所以，对中国古代工匠来说，只有不合适的用法，没有不好用的木料。

依托这些凌空而建的栈道，车马、行人也能"飞檐走壁"咯！

“以不变应万变”的智慧

有人说，中国古代木构建筑看来看去都是方平面、木构架、瓦屋顶，几千年来好像都没有什么大变化。但其实，这种“以不变应万变”的做法，恰恰是木构建筑的高明智慧之一。

我们不妨细数一下中国古代木构建筑的优点：取材容易、施工便捷、有较强的抗震能力、能够灵活分割空间、易于维护和改建翻新……之所以可以做到数千年“不变”，正是因为它的体系很成熟、够实用，能够适应各种各样的环境和需求。更何况，所谓“不变”也只是粗略的印象，中国古代木构建筑的形式，其实灿若繁星呢!

你看，大到宫殿祠庙、亭台楼阁，小到一桌一床、一凳一橱，天南海北的工匠们用的都是相近的构架方式和工艺，他们甚至还能用同样的思路建造巨大的交通工程！远在汉代，古人就用木构架在“难于上青天”的蜀道上建造了堪称奇迹的栈道。

能够把复杂的问题简单化，不正是一种很了不起的智慧吗？

中国古代木构建筑堪称巧妙而精密的机械，
同时也是赏心悦目的艺术品。

树木拔地而起，强壮的树干撑起枝杈，枝杈托起树叶，树叶覆盖着下面的空间。树干是柱，枝杈为椽，树叶如瓦，这不就是一间房屋吗？

中国古代木构建筑自然而然地发挥了树木的天然特点，工匠们将树木制成柱、梁、枋、檩、椽，再利用榫（sǔn）卯（mǎo）这种方式，把这些“零件”牢固地组合在一起，形成房屋的框架，就像人的骨骼一样承受着房屋的全部重量。至于房屋的内外墙体，基本上只是起到防寒隔热、区分空间的作用。这就是中国古代木构建筑能够“墙倒屋不塌”的奥妙所在啦！

在这套木构架下，中国古代木构建筑就可以像孙悟空那样实现“七十二变”了：一面墙都不要，就成了四面敞开的亭；四面都围上实墙，就成了严密的仓库……不变的结构，却能创造出千变万化的房屋。

在古代，台基是建筑等级的标志之一。越是尊贵的建筑，台基也越高大。比如故宫外朝三大殿，就坐落在一座“土”字形的高大台基上。台基分为3层，每层都采用了须弥座的形式，总面积将近25000平方米，总高约8米，相当于3.5个足球场那么大、3层楼那么高，堪称古代中国规模最大、等级最高的台基！
那些不可一世的帝王早已消失在历史的尘埃中，
但这些凝聚着能工巧匠心血与汗水的高台依然伫立……

典型的中国古代木构建筑一般由台基、屋身、屋顶三大部分构成。其中，台基是建筑的底座。

所谓台基，就是古人为了防潮、防震，将泥土夯实之后做成“夯土”而突出地面形成的坚实台子。高等级的建筑中，为了使台基结实耐用、气派美观，人们还会用条石、砖块包裹夯土，就像给灰扑扑的夯土穿上了结实又美观的外套。

台基就像一艘结实的大船，当遇到地震时，它能够载着房屋穿过地震波的惊涛骇浪。

坐落在台基这艘大船之上的便是木构架。按照构架方式的不同，中国古代木构架大概可以分成三大类：抬梁式、穿斗式、井干式。你可别被这些名词绕晕了，其实它们都是相当形象的哟！

抬梁式由层叠的柱、梁承重，盖出来的房屋内部空间比较大，但需要用到很多大型木材，施工难度也相对较大，并且更适合在平地上建造，因此主要用在高等级的建筑中，比如宫殿、庙宇、祠堂等。

穿斗式主要是用梁、枋把用来承重的柱子“穿”起来，这样可以用较少、较小的木材盖成整体性强的大房子，地形适应能力很强，但柱了排列比较密，更适合用在民居等室内空间灵活多变的房屋中。

井干式则是把木材从下往上层层堆叠，形成房屋的四面墙，就像古代井口的围栏。如今，这种构架方式只有云南、东北等地的林区还在使用。

创造灵活多变的空间

中国人很早就意识到，建筑中真正有用的，不是墙也不是柱，而是“空”的那部分，也就是现在常说的“空间”。而屋顶、梁柱、墙体、门窗等物质实体，只不过是创造空间的手段。

在传统木构架中，由于墙体不承重，室内空间便是自由的。隔扇、家具可以随意布置，这使得建筑功能的变换是自由的，室内外空间的流动也是自由的……

还记得《红楼梦》里刘姥姥进大观园的情节吗？在大观园里，贾宝玉所住的“怡红院”，就是这种“自由平面”与“流动空间”的典范。

怡红院不像咱们现在的住房，用墙壁把客厅、书房、卧室分隔得僵硬、固定。它是用花罩、隔扇、屏风等划分空间，与不可移动的墙体不同，这些花罩、隔扇可以拆卸、变换位置，非常自由。这样，每个房间在空间上既有所区隔又相互贯通，在有限的室内空间中创造出了多变的空间效果，把初来乍到的刘姥姥都给绕晕了！

用墙体承重的建筑体系，比如欧洲古代建筑，为了结构安全，墙体的位置、厚度，门窗洞口的宽度等都受到很大的限制。除了柱子，中国古代木构建筑的空间没有太多限制，摆上牌位就是祠堂，放张床就是卧室，设口灶就是厨房……雄伟的宫殿与小巧的民居，本质上都是同构的。

更特别的是，中国古代建筑的空间并不仅仅指被屋顶覆盖的部分，还包括周围的环境。在中国人的传统观念中，房屋是不可能脱离环境而孤立存在的。无论是皇家的“深宫内院”、民居的“庭院深深”，还是寺庙的“槛外云烟”，都体现着建筑与外在环境一体共生的关系。

这种空间设计的理念，可是领先了世界数千年哟！

简单就是力量

中国古代木构建筑虽然看上去构件繁多、结构复杂，一朵斗拱都要用到几十个“零件”，但事实上，它的设计和施工都是非常简便的。

其中最主要的秘诀就是“标准化设计、预制化生产、装配式施工”，这和你平时玩的积木的原理差不多。首先，不同地方、不同工种的工匠会按照统一的标准，将建筑构件提前加工好；接着，再把构件拿到施工现场，像拼积木一样把它们组装起来。这套与现代建筑业非常相似的建造方法，至少在唐代就已经非常成熟了。

古代民间盖一间房屋，虽然需要打地基、立木架、铺瓦、砌墙等多道工序，但得益于这套方法，往往用一个月的时间就能建造完成。官方的建筑，因为可以动用更多的人力、物力，建设速度更是快得惊人。

就拿庞大恢宏的故宫来举例吧。当时明代工部集合了数十万人，让他们在不同的地方加工不同的构件，再运到现场去组装，前后用了不到 5 年时间就全部组装完成了！

我们平时逛博物馆的时候，见过图书、档案、书法、绘画，但似乎很少看见古建筑的设计图纸。有人说，除了清代“样式雷”，中国古代建筑就没有留下什么详细的设计图纸了。但他们不知道的是，中华传统文化崇尚的是“大道至简”，用简单的方法解决复杂的问题，这才是真正的本事。

中国古代工匠需要什么图纸？他们用木棍做成篙（gāo）尺，在上面标满墨线记号、构件的尺寸、安装的位置就全搞定了，而且非常精确。

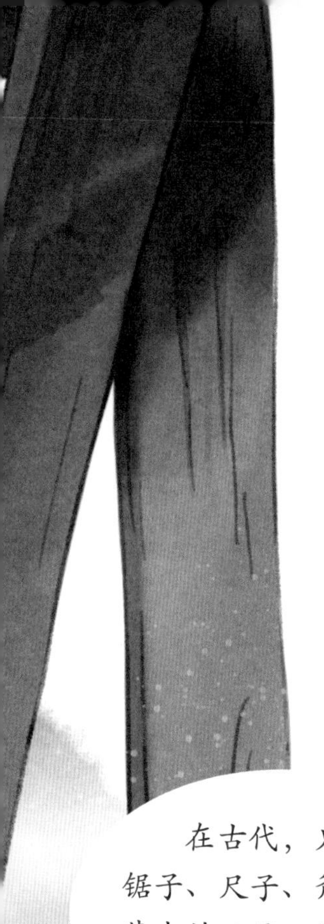

不但如此，掌墨的木匠还有个“神奇道具”——鲁班尺。有了它，木匠不光能完成各项重要的设计，还能有序地安排施工，再加上石匠、泥瓦匠、油漆匠的配合，就算是故宫这样超大规模的建筑群，也能很快建成。

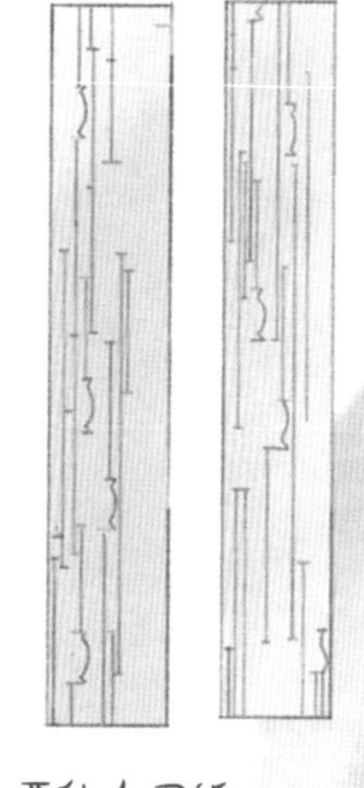

门窗是建筑的脸面

看一个人的时候往往会先看脸，当我们看一个建筑的时候，最先注意到的经常是它正面的门窗。

由于木构架解放了墙体，在中国古代木构建筑中，门窗的设计就非常自由，可以充分发挥它们的装饰作用。古代的门窗有门扇、窗格等，它们各自还有不同的构造、形状、图案、雕刻、色彩，真是美不胜收啊！

每一扇门扇、窗格，既是身兼围护、出入、采光、通风等功能的“多面手”，又是工艺复杂、形态精美的艺术品。

凑近看看，你会发现

阳光、微风、树影……
自然的气息透过窗格洒进屋子里，
是中国人特有的诗意。

门窗上面雕刻着细致的图案、花纹，它们承载着美好的寓意。此外，这些精美的门窗还能起到区别建筑等级、美化建筑形象、烘托建筑意境、彰显建筑气质以及教化子孙后代的作用。

如果说“一千个建筑有一千种门窗”，也许并不夸张。不同时代、不同地区、不同民族、不同类型、不同等级的中国古代建筑的门窗，千差万别、琳琅满目，刻画出五彩缤纷的建筑细节。

且不说五花八门的图案、花纹，光是常见的窗格，就有成千上万种不同的做法，比如万字纹、回字纹、龟背纹、如意纹、豆腐格……

“三交六椀（wǎn）菱花”不是一种花，而是一种窗格。它由三根棂（líng）子交叉相接，在交叉处会形成一朵漂亮的六瓣菱花。这种窗格是清代皇家建筑中一种高等级的窗格形式，在故宫的太和殿中就能看到它的身影哟！

棂子：用来形成窗格、裱糊窗纸等的小木条。

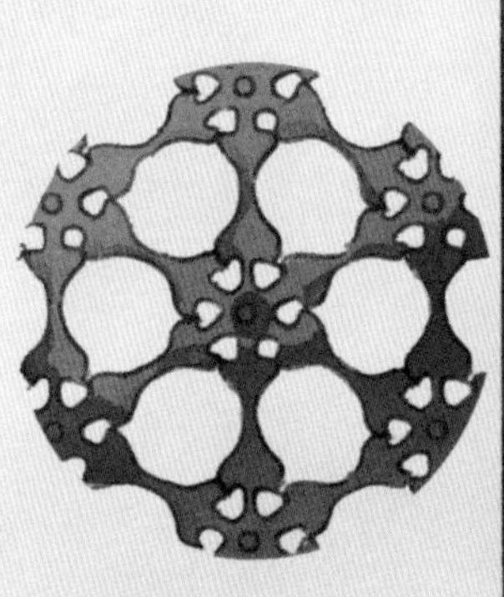

三交六椀能“生万物”，横竖豆腐格则“处处正直”。花纹不同，寓意不同，等级也不同，是不是很有意思呢？

藻井，名副其实的装修“天花板”

如果说漂亮的门窗是房屋的脸面，那梁架下的天花就像房屋的礼帽，既能防寒、防尘，还是漂亮的室内装饰。

普通民居的吊顶用竹子、高粱秆等做好架子，在上面糊满纸就算了事。但高等级建筑则会采用精致的木框架来托起天花板，还要在每块天花板上绘制漂亮的图案。

在各种各样的天花中，带藻井的等级最高。顾名思义，藻井看起来就像井一样，而且通常装饰华丽，一般用在帝王御座、佛像神座的上方，用来强调位于下方的“宝座”的高贵地位。

除了殿堂，很多戏台上方也设有藻井。除了把戏台装扮得美轮美奂，藻井还能像扩音器一般，把戏台上演员的声音聚拢起来，再反射出去，营造出一种“余音绕梁”的音响效果！

天花：房屋室内的顶棚。高等级建筑用精致的木框架托起天花板来形成漂亮的顶棚。
看，宁波天一阁的戏台藻井！
原来古代就有这么漂亮的“音响系统”啦！

如果你想欣赏超级精湛的藻井艺术，那不妨去瞧瞧北京天坛皇穹宇藻井、北京隆福寺藻井、承德普乐寺旭光阁藻井……要说地位最高的，那就是故宫太和殿里皇帝宝座上方的藻井。它共有 3 层，加起来

有近 1.8 米深，而且每一层都贴满了金箔，雍容华贵，庄严雄伟。在藻井正中，一条巨龙俯瞰着下方的宝座，与宝座周围的浑金蟠（pán）龙柱、雕龙屏风、宝象、仙鹤等陈列品交相呼应，更烘托出皇帝宝座至高无上的气势。

大木作是筋骨，小木作是外衣

中国古代木构建筑的木工，一般分为“大木作”和“小木作”两大类。

所谓大木作，指的是加工有承重功能的大型木构件的工种，比如加工柱、梁、枋等；而小木作，则是指对非承重性木构件的制作和组装，比如加工门窗、隔断、栏杆、藻井等。小木作听起来似乎更简单，但正因为“小”，加工和组装的难度反而更高，也更考验工匠的巧思和手艺。要用小小的木头块，做出构思巧妙、立意高雅、形象绝美的建筑装饰，是要花费工匠很多心血的！

大大木作气昂扬，挺立建筑成栋梁。小小木作真漂亮，给房子穿上花衣裳。

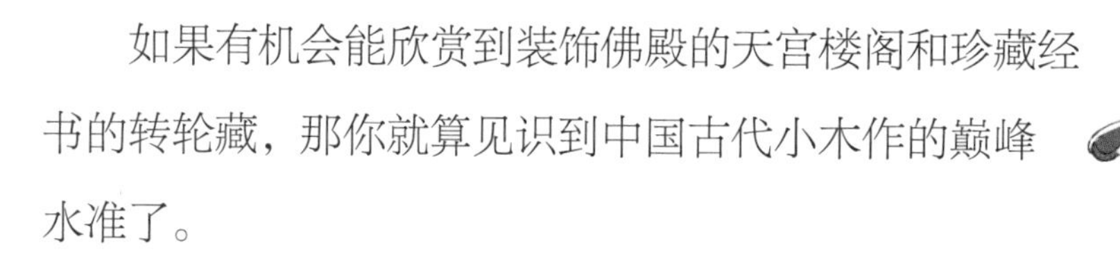

如果有机会能欣赏到装饰佛殿的天宫楼阁和珍藏经书的转轮藏，那你就算见识到中国古代小木作的巅峰水准了。

天宫楼阁是一种“微缩建筑”，常用在藻井、经书柜、佛龛（kān）之上。在方寸之间，工匠们用微小的梁柱、斗拱，一丝不苟地完整建造出微缩的佛殿。别看它个头儿小，却能表现出天上宫阙的恢宏气势，比如西安公输堂中的明代天宫楼阁，就是精美绝伦的作品。

转轮藏是一种能旋转的经书柜，现存比较完整的有四川云岩寺的南宋飞天藏、北京颐和园的清代转轮藏等。这些能够旋转的“图书馆”构造十分巧妙，只要轻轻一推，就能轻快平稳地转动起来。类似的装置，欧洲要比我们晚 800 多年才造出。

推转轮藏在当时可是一种既优雅时髦又有功德的拜佛活动呢！

不知天上宫阙，今夕是何年。

优雅独特的大屋顶

屋顶，就只是用来遮风挡雨的吗？至少在中国古代建筑中不是这样。

气象庄严、形态优雅的大屋顶，可是中国古代建筑最显著的特征之一，既有着排水、遮阳、避风、防寒等一系列实用功能，又承载着丰富的文化内涵。

在建筑等级上，人们会用不同的屋顶形式作为明示秩序的标志；在生活中，大家往往会用“同一屋檐下”的说法，强调家庭、邻里的亲密关系；在艺术上，屋顶能呈现出杰出的美学形象；在情感上，它体现着中国人的浪漫气息和独特的文化自豪感……

在中国古代建筑中，不同等级的建筑会采用不同形式的屋顶。人们往往只要看一看屋顶样式，就能知道这个建筑的“段位”了。一般来说，屋顶的等级由高到低是这样排列的（以清代为例）：重檐庑（wǔ）殿、重檐歇山、单檐庑殿、单檐歇山、悬山、硬山。此外，还有一些精美的屋顶样式，比如重檐攒尖、单檐攒尖、卷棚歇山……

只有皇家建筑中最重要的建筑，比如故宫太和殿、太庙正殿，或者由帝王特别批准的重要佛寺、道观、孔庙等的正殿，才可以用重檐庑殿哟！

重檐攒尖
单檐攒尖
硬山
卷棚歇山
悬山
故宫角楼
单檐歇山
屋顶建得这么复杂，当然不只是为了实用，
而是要体现出皇家气派。

斗拱像花儿般盛开

在飘逸的大屋顶下，盛开着一朵朵花儿般美丽的斗拱。它和凹曲面的大屋顶一样，是中国古代建筑最显著的标志之一。

斗拱是由“斗”和“拱”组成的。告诉你一个区分它俩的小窍门：斗是近似于方形的木块，根据位置又分为栌（lú）斗、交互斗、散斗等；拱是长条形的构件，根据位置又分为华拱、泥道拱、令拱、慢拱等。构造更复杂的斗拱，还会用到“昂”，它是一种斜置的长木。这些构件一层一层地交叠组合，不用钉子、胶水，只靠相互间的咬合叠压，就能组成无比牢固的斗拱。

斗拱的作用特别多，比如传递屋顶重量、承托出挑的飞檐、装饰建筑、缓冲地震冲击、划分建筑等级等。

这种独特的创造，不正是中国古代建筑追求艺术与技术、精神与物质完美统一的体现吗？

虽然斗拱的组合方式基本相同，但随着时代变迁，不同地区、不同功能、不同等级的建筑中，斗拱的形态也是千变万化的。

从时代上说，每个时期的斗拱各有风采，唐代的雄浑大气，宋代的典雅端庄，明清的精巧细密；从类型上说，有殿堂庙宇的法度严谨，也有乡间民居的巧思活

泼；从功能上说，唐、宋、辽、金、元代的斗拱还起着重要的结构作用，而到了明清时期，斗拱基本上就只是彰显建筑身份和气派的装饰品了……

技术和艺术，用榫卯联结

榫卯是中国古代木构建筑又一个非常了不起的独特创造。

榫是建筑构件上凸出来的部分；卯是建筑构件上凹进去的部分。你看，榫和卯就像“凸”和“凹”的字形那样互相咬合，使构件紧密地结合成一体，不但坚固美观，而且安装、拆卸都很方便。得益于榫卯这种神奇的发明，很多中国古代建筑真正做到了一根钉子、一滴胶水也不用，就把成千上万的构件牢牢地组装在一起。

榫卯把技术和艺术天衣无缝地联结在了一起。榫卯的内部结构可能复杂得让人眼花缭乱，但安装完成后的外观却简洁漂亮。更奇妙的是，它在平时非常牢固，但遇到地震等外力干扰时，又有活动的余地，能够减少地震波对房屋的损害。

形状、位置有一点儿差错，榫卯都没法儿安装到位哟！
钉子？不需要呀，我们有榫卯！

中国古人为什么，又是怎样发明了榫卯这种独特而巧妙的结构方式呢？这可能会成为一个永远的谜。

但我们能知道的是，榫卯的设计和加工十分精准、巧妙，尤其是多个构件相接之处，对榫和卯的形状、位置、大小的要求都非常高。在浙江余姚河姆渡遗址中，人们发现了大量较为成熟的榫卯构件，这足以证

明中国人在 7000 多年前就能熟练运用这种独特的结构方式了。这种杰出的发明，在今天不但没有过时，还得到越来越广泛的运用和发展，让无数人为之着迷。

在建筑、家具、器物中，我们都能找到榫卯的身影。比起铁钉的生硬固定，榫卯利用的是木材自身的几何形状和材料特性，可谓优点多多。它能避免铁钉对木材的破坏，防止因生锈而腐蚀构件。更重要的是，榫卯拆卸起来非常容易，不会破坏构件本身，维护和更新起来也很方便！

彩画丹青，给建筑披上华服

用木头盖房子，不是很容易受潮或被虫蛀吗？为了解决这个问题，中国古人早早就想到用油漆给建筑穿上一层防护的外衣，并且逐渐将其发展成彩画装饰。

这些彩画的用色非常讲究，檐下阴影掩映的部分，多用青、蓝、碧、绿等冷色，冷色在视觉上有收缩感，能使出檐看上去更加深远。而门、柱和墙壁，则多用红、黄等暖色，与檐下的冷色互相对比，让建筑显得富丽堂皇。

出檐：屋檐伸出梁架之外的部分。

敏锐的你可能已经发现了，中国古代的官式建筑对各种做法都制定了严密的等级秩序，彩画当然也不例外。就拿清代的官式建筑彩画来说，等级从高到低依次是和玺（xǐ）彩画、旋子彩画和苏式彩画。不同的殿宇要使用不同形式的彩画，半点儿也马虎不得。

除了等级森严的形式，彩画还有着丰富的内容。皇家建筑为了体现威严，常用龙、凤为主题的图案，配以山水、人物、花鸟等活泼的纹饰；而民居或园林建筑中，则多以寓意吉祥的图案、故事和传说为主，起到娱乐和教化的作用。

在北京颐和园700多米的长廊中，每根梁、枋上都绘有彩画，既有山水、花鸟图，又有选自各大古典名著中的经典画面，加起来有14000多幅。可以说，中华数千年的文化，都被画师们浓缩在这些彩画上了！

让房屋稳如泰山的小秘密

在我们平时的印象里，柱子就是直直地立在地面上的，对吧？但在中国古代建筑，尤其是明清以前的木构建筑中，柱子并不都是垂直于地面的。

工匠们会把檐柱，也就是屋檐底下最外围柱子的柱头向内、柱脚向外微微倾斜，看起来就像人把脚向外撇出去一样，这种做法也被形象地称为“侧脚”。这样一来，木构架的重心就会向房屋中心聚拢，能够防止柱身侧倾和扭转，使房屋更加抗风、抗震。

除了侧脚，檐柱的高度也各有不同，位于房屋中间的檐柱低，位于四角的更高，这叫“生起”。在侧脚和生起的共同作用下，木构架上小下大、外高内低，房屋就能稳稳当当地自己保护自己咯！

侧脚和生起，让古建筑更坚固，也更优雅了！

除了侧脚和生起，在中国古代木构建筑中，柱子间的距离也不是全都一样的，通常是中间的距离大，越往边上的距离越小，形成一种变化的韵律。

藏在柱子里的巧思，不但把木构架搭建得更加牢固，也使建筑的造型更加挺拔、檐部的曲线更加优雅。

中国古代为数不多的建筑典籍中，有一部最为著名的《营造法式》，其中明确规定了侧脚和生起的建造手法。
书中关于侧脚的规定沿用至今，可惜生起的手法在明清时期的建筑中逐渐消失了。这也是我们现在感觉明清建筑往往不如唐宋建筑那么灵动、飘逸的原因之一。
太原晋祠

让建筑常用常新

有人问，木头并不算特别耐久，中国古代木构建筑为什么可以使用上百年甚至上千年呢？这是因为它有一个重要的优点，就是便于维护和更新。

有条件的话，工匠们会事先做好木材的防腐、防火处理，提高构件的耐久性和使用年限。就算某部分构件，甚至是关键的梁、柱被雨水腐蚀，或被白蚁咬坏，也可以比较轻松地替换掉。

至于用瓦片、茅草铺成的屋顶，更新起来就更容易了。农闲的时候，左邻右舍一起动手翻修，房屋很快就能焕然一新咯！

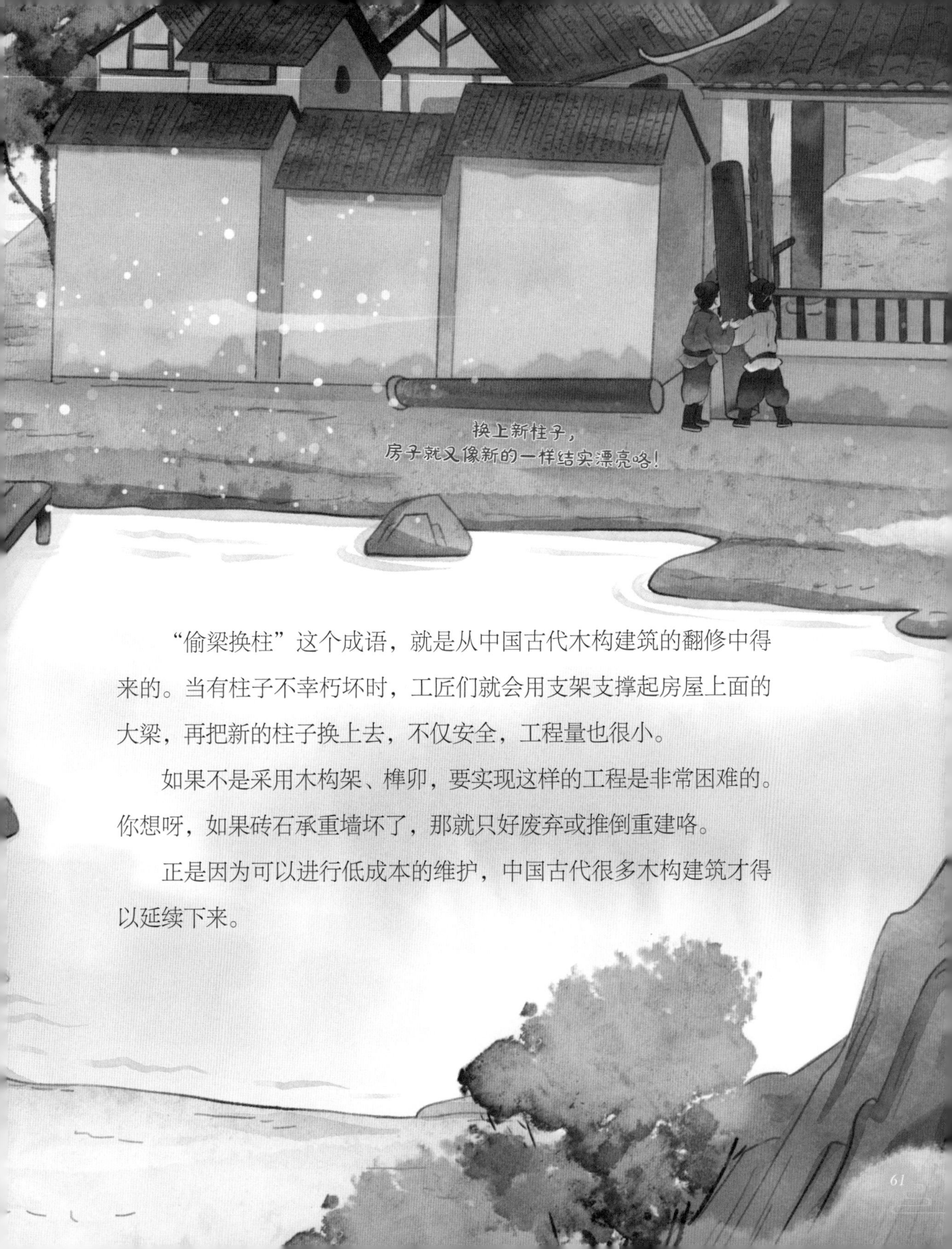

“偷梁换柱”这个成语，就是从中国古代木构建筑的翻修中得来的。当有柱子不幸朽坏时，工匠们就会用支架支撑起房屋上面的大梁，再把新的柱子换上去，不仅安全，工程量也很小。

如果不是采用木构架、榫卯，要实现这样的工程是非常困难的。你想呀，如果砖石承重墙坏了，那就只好废弃或推倒重建咯。

正是因为可以进行低成本的维护，中国古代很多木构建筑才得以延续下来。

生命难久远，智慧永流传

站在生态文明时代回望过去，我们会发现，在如何取得人与自然、人与他人、人与自己相和谐等方面，生活在“科技落后时代”的中国古人，要比今天的我们聪明得多。

在敬天、爱人、悦己态度的指引下，中国古人特立独行地选择了木材作为主要的建筑材料，并在此基础上发展出一整套博大精深的建筑文化体系，营造出中国人生生不息的美好家园，很自然、很巧妙地构建起了“人与自然生命共同体”。

在中国建筑史上，木材这种来自大自然的材料，温暖地陪伴了中国人数千年。但是，历经数千年的战乱和天灾，留存到今天的中国古代木构建筑已经为数不多了。

更令人遗憾的是，古代工匠社会地位不高，很少著书立说，读书人又不重视建筑技艺的记录、整理，导致建筑典籍非常稀少……这一切，大大增加了我们挖掘中国传统营造智慧的难度，也更凸显了抢救和保护古建筑的意义。

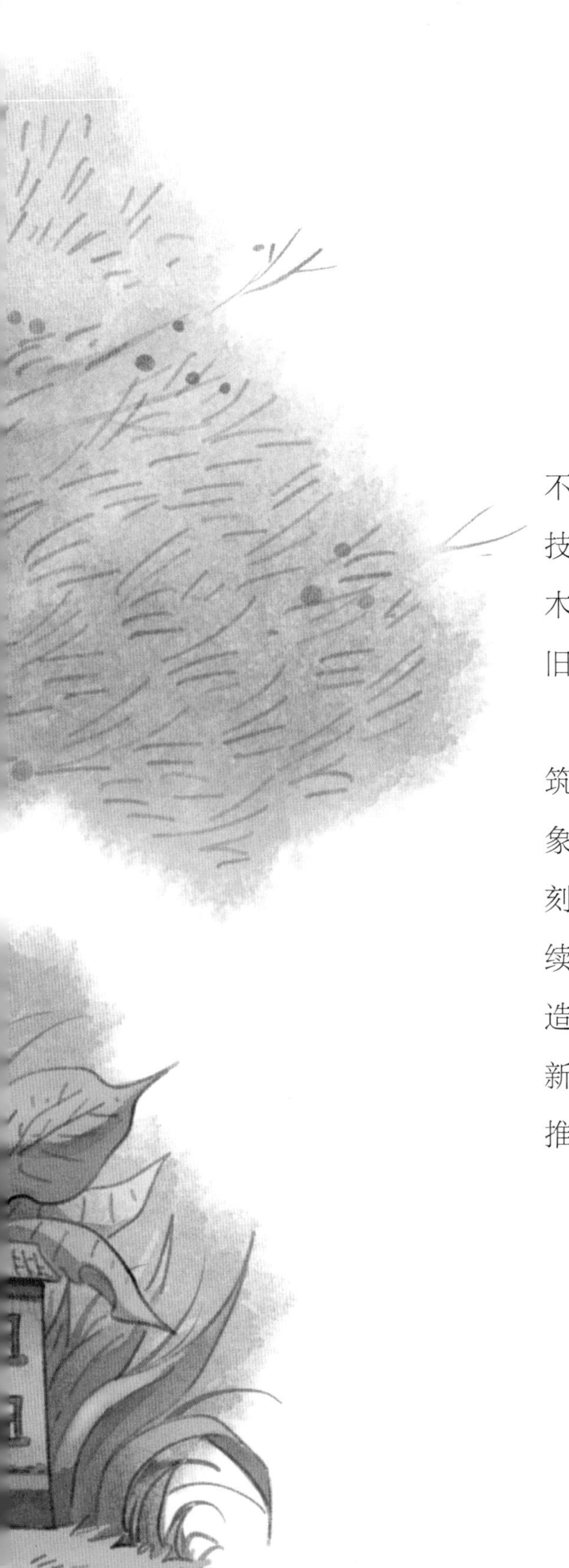

在科技高速发展的今天，我们当然不会为了浪漫的怀旧情怀而拒绝新型的技术和材料。但我们也必须认识到，树木仍然在土地上自然而然地生长着，依旧可以搭建起我们的生活家园。

我们要做的不是为保护而保护古建筑，也不是简单地模仿古建筑的外在形象，粗制滥造一些仿古建筑，而是要深刻理解古人的智慧，在前人的基础上继续前进，将中国古代木构建筑的技艺创造性地发展下去，建造出更有生命力的新时代中国建筑，也为中国式现代化的推进添砖加瓦。

第二部分

天生我材必有用

『五材并举』盖房子

“五架三间新草堂，石阶桂柱竹编墙。南檐纳日冬天暖，北户迎风夏月凉。洒砌飞泉才有点，拂窗斜竹不成行。来春更葺东厢屋，纸阁芦帘著孟光。”

“石阶”“桂柱”“竹编墙”“纸阁”“芦帘”……在唐代著名诗人白居易的这首诗中，一间小小的草堂，就用到了好几种建筑材料。

可见，中国古人虽然对木材情有独钟，但同时也很了解其他材料的特性，还会结合实际需求，找到恰当的方式使用它们。

在建筑材料的使用上，中国古人有“五材并举”的说法。这个“五材”不是指具体的五种材料，而是泛指身边一切可以使用的材料。

听到这儿，你是不是已经开始好奇——除了木材，中国古人还会使用哪些材料？它们又该如何组合排布？其实呀，这些问题的答案，古建筑早就告诉我们了。不信，我带你去看！

从自然中来，到自然中去

说到盖房子的材料，现代人总会想到玻璃、钢筋、混凝土之类的工业建材，但中国古人并没有这些，他们有大自然就够了。

只要是大自然里有的材料，他们都能拿来盖房子，比如竹子、麦秆、稻草、芦苇、海藻、苔藓……甚至兽皮、贝壳、珊瑚也可以！比如东北的木刻楞（léng）房屋，其中用来堵塞木头与木头之间缝隙的，就是活的苔藓。随着苔藓生长，缝隙就会被渐渐填满了。

这样盖出来的房子，既源于自然，又融于自然哟！

就地取材，因材施用

古代没有火车、飞机、大轮船，建筑材料运输起来很不方便。但这对中国古人来说都不是事，因为他们讲究的是就地取材。

在古人看来，只要能充分认识到材料的特点，因材施用，不管什么样的材料，都能充分发挥自身的特性，为建筑增光添彩，比如西藏寺院建筑的显著标志之一——红色的“女儿墙”，就是用当地常见的边玛草制作的。边玛草的草秆会“呼吸”，正好能防潮、防腐。这样既省去了运输的麻烦，又充分发挥了建材的特性，不是一举多得吗？

土是低调的功臣

土地本身虽然没有生命，但它却孕育了万物，所以自古以来，中国人对土就有着深深的敬畏和依赖。中国古代建筑中，“土”和土中长出的“木”地位并列，都是最为重要的建材，不然，盖房子怎么会被称作“土木之事”呢?

中国人的夯土技术，可以说达到了古代世界的最高水平。早在3000多年前，中国人就掌握了高超的夯土技术。他们能建出高大的夯土台，并在上面层层建屋，把较小的单体建筑聚合在夯土台上，形成宏伟壮丽、耸入云霄的高台建筑。有的民居甚至能把薄薄的夯土墙筑到六七层楼的高度，并在风雨中屹立数百年而不倒!

夯土盖高楼咯！

木与石，都有自己的去处

我国大部分地区都选择了木材作为主要建材。但我们要知道，选木不选石是一种文化选择，而不是因为中国古代缺乏加工石材的技术。祖国大地上星罗棋布的神秘石窟、高大石塔、庄严石牌楼、坚固石桥乃至房屋上的细腻石刻，都充分证明了中国人自古以来就是用石的大师。

在中华传统文化观念中，住人的房屋得用同样“有生命”的木材作为主体，砖石就只起到辅助的作用，比如用来建造台基、搭设栏杆、铺设路面、填充墙体；而以砖石为主的“没有生命”的建筑，则主要服务那些“非人”的场所，比如佛塔、陵墓、档案库、冰窖等。

皇史宬正殿
用石材建成的北京皇史宬（chéng），是明清两代的“国家档案馆”，保护了许多珍贵的资料免受火灾、蛀虫、潮气甚至偷盗之害哟！

竹子的用处数不清

宋代文学家苏轼曾说：“宁可食无肉，不可居无竹。”可见竹子在古人心目中的地位有多高。

竹子的用途非常广泛，不仅可以用于军事、器具、建造，还能用于饮食和礼仪活动，以至于自秦代起，许多朝代都设有“司竹监”之类的衙门，专门管理竹子的种植。有些皇家建筑也用竹子来建造，比如汉武帝祭天时用的竹宫、南朝梁时的皇家图书馆“东阁竹殿”，都是著名的竹建筑。

傣族竹楼

传统的竹楼，从上到下都是竹子搭建的哟！

云南的西双版纳一带，非常适合各种竹子生长，于是当地的傣族同胞就以竹建楼。笔直挺拔的龙竹，做梁与柱；坚硬耐腐的黄竹，做地板和墙；小巧细腻的小毛竹，做竹碗、竹筷、竹杯……不同的竹子搭配起来，共同营建起人与竹子的和谐生活。
竹楼结构示意图
小小竹楼，五脏俱全！

建好水圳，溪水就能流到家门口咯！

保护水，也利用水

水，是生命之源。在中国古代，儒家说智者乐水，道家说上善若水，文学家更不用说，历代歌咏江河湖海、飞瀑流泉的诗词数不胜数。

所以，在中国人的理智和情感中，保护水、利用水都是天经地义的事。早在古代，就有了充满生态智慧的灌溉系统，以及十分巧妙的循环生产方式，比如桑基鱼塘、稻田养鱼等。另外，有调节水位的水坝，可以蓄水、防洪、防火，还有调节局部气候的池塘，流经各家各户的水圳，无处不在的水井……这一切，都体现着中国古人与水和谐共生的智慧。

水圳：人工开凿用来引水的小水渠。

“三生一体”，一举多得

在农业时代，人和自然不可分割，生产和生活也密不可分。建筑既是生活的地方，也是生产的场所，因此产生了许多同时满足生态、生产、生活需求的做法，呈现出“三生一体”的融合之美。种一棵树，可不只是为了盖房子用：它成长的过程中会吸收二氧化碳、释放氧气，它的树荫可以给房屋遮阳，树下会生长出蘑菇，开出的花可以欣赏，结出的果实可以食用，树皮可以用来造纸，树枝可以用作燃料，最后的树干才会用来盖房子……完美实现了低成本、纯天然、多功能的生产、生活模式，可谓一举多得！

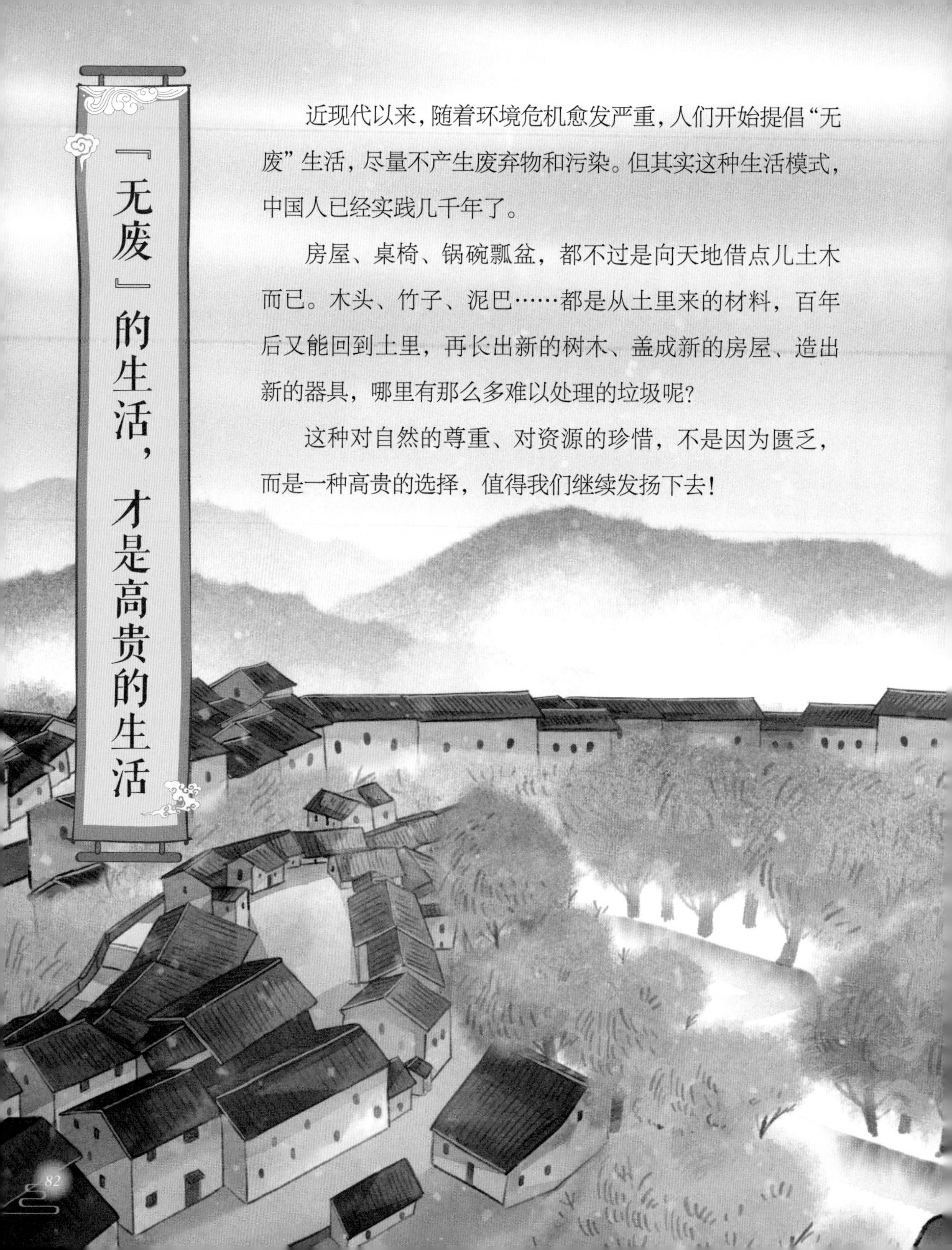

『无废』的生活，才是高贵的生活

近现代以来，随着环境危机愈发严重，人们开始提倡“无废”生活，尽量不产生废弃物和污染。但其实这种生活模式，中国人已经实践几千年了。

房屋、桌椅、锅碗瓢盆，都不过是向天地借点儿土木而已。木头、竹子、泥巴……都是从土里来的材料，百年后又能回到土里，再长出新的树木、盖成新的房屋、造出新的器具，哪里有那么多难以处理的垃圾呢？

这种对自然的尊重、对资源的珍惜，不是因为匮乏，而是一种高贵的选择，值得我们继续发扬下去！

阅读小驿站

快来“阅读小驿站”歇歇脚。你看到这处驿站的谜题了吗？开动脑筋想一想。你还可以扫描封底二维码，听听建筑学家怎么说哟！

谜题一：

中华文化崇敬大自然，但为什么又用了那么多方法来改造自然环境呢？

谜题二：

中国古代为什么很少建多层的民居呢？